RUDOLF KRSKA【奥地利】
MARI ESKOLA【芬 兰】　著
CHRIS ELLIOTT【英 国】

吴永宁　周　爽
李敬光　吴　頔　主译

安全无毒食品？
食品的健康风险与获益

TOXIN-FREE FOOD?

HEALTH RISKS AND
BENEFITS OF OUR FOOD

中国质量标准出版传媒有限公司
中国标准出版社

北京

图书在版编目（CIP）数据

安全无毒食品？：食品的健康风险与获益 /（奥）鲁道夫·克尔斯卡（Rudolf Krska），（芬）马利·埃斯科拉（Mari Eskola），（英）克里斯·埃利奥特（Chris Elliott）著；吴永宁等译 . —北京：中国质量标准出版传媒有限公司，2023.10

书名原文：Toxin-free food? Health risks and benefits of our food

ISBN 978-7-5026-5233-3

Ⅰ.①安… Ⅱ.①鲁…②马…③克…④吴… Ⅲ.①食品安全—安全管理—研究 Ⅳ.① TS201.6

中国国家版本馆 CIP 数据核字（2023）第 195576 号

Copyright©2023 Picus Verlag Ges.m.b.H.
北京市版权局著作权合同登记号：图字 01-2023-4885

中国质量标准出版传媒有限公司
中 国 标 准 出 版 社　出版发行
北京市朝阳区和平里西街甲 2 号（100029）
北京市西城区三里河北街 16 号（100045）
网址：www.spc.net.cn
总编室：（010）68533533　发行中心：（010）51780238
读者服务部：（010）68523946
中国标准出版社秦皇岛印刷厂印刷
各地新华书店经销
*
开本 787×1092　1/32　印张 3　字数 43 千字
2023 年 10 月第一版　　2023 年 10 月第一次印刷
*
定价：30.00 元

在贸易全球化和食品产业链国际化的背景下，食品安全已成为全球关注的重点。党的十九大明确提出实施食品安全战略，《中共中央　国务院关于深化改革加强食品安全工作的意见》作出重大部署，提出 2035 年基本实现食品安全领域国家治理体系和治理能力现代化的总体目标。《"健康中国 2030"规划纲要》对保障食品安全作出全面要求。食品安全问题关系国民健康、民族未来，同时也是消费者关心的舆论热点。

本书由欧洲食品安全专家 Rudolf Krska 教授、Mari Eskola 博士和 Chris Elliott 教授著，其英文版本《Toxin-Free Food? Health Risks and Benefits of Our Food》于 2023 年 1 月首次出版，并获得相关科研人员、食品行业从业者以及消费者的广泛认可。书中以通俗易懂的方式和案例揭示了"日常饮食是有益和有害化学物质的混合物"这一客观事实，并对食物中潜在的健康风险与获益提出新的见解。在全面阐述食品中可能存在的化学污染物基础上，对欧洲消费者长期暴露污染物所引发的健康风险进行排序，并向消费者提出建议。

中欧双方在食品安全领域拥有广泛而卓越的合作基础，特别是 Chris Elliott 教授与吴永宁教授作为合作双方的项目协调人，共同牵头欧盟地平线 2020 旗舰项目 EU-China-Safe。鉴于此，来自国家食品安全风险评估中心、英国贝尔法斯特女王大学、国家粮食和物资储备局科学研究院、罗玛实验室检测服务（无锡）有限公司的十余位专家，共同参与了本书的翻译和审校工作。

本书既是一本适合普通消费者阅读的优秀科普著作，也可为食品监管机构、科研工作者和食品行业从业者提供丰富的专业知识。希望本书的出版能够为中国食品科学的发展与科普交流作出贡献。

译者委员会

2023 年 8 月于北京

食品安全无毒是许多消费者共同的美好愿景。根据德国联邦风险评估研究所（BfR）的研究结果，70%的消费者都希望食品中没有农药残留，对于其他具有潜在危害的物质，如真菌产生的毒素（真菌毒素 mycotoxins）或植物毒素，大家也有同样的期待。任何情况下，食品的安全无毒一直是消费者关注的重点。欧盟委员会（EC）发表的一份欧盟民意调查（Eurobarometer）结果显示：对于水果、蔬菜和谷类制品中存在的化学污染物，31%的受调查者表示非常担忧，另有40%的受调查者表示担忧。高度发达的欧洲地区虽然已经实施各种综合性措施来确保从农田到餐桌的食品安全和食品品质，但公众的担忧程度仍然很高，时常会有食品污染事件相关报道见诸媒体。例如，在本书成稿时，奥地利广播公司（ORF）网站（help.orf.at）于 2022 年 7 月 15 日报道的"优等全黑麦粉"召回事件。召回原因是：于食品样品的化学分析过程中，在全谷粒样品中发现了痕量的可能致癌的真菌毒素——赭曲霉素 A。因此，生产企业紧急发布通知，建议不要食用所涉及的产品。尽管通常在绝大多数食品样品中，农药检出水平为零或浓度非常低，但在水果和蔬菜中往往能检测出超过最高允许限量标准的残留。欧洲消费者面临着来自膳食暴露所导致的食品相关健康风险，例如人们经口暴露有害环境化学物质（如毒性化合物），这些化学物质在长期慢性暴露下可能有致病作用。因此，不含毒性物质的食品更像是一种海市蜃楼而非现实。然而，对消费者长期经食物摄入有害物质而产生的暴露风险进行更好的评估和分类是非常重要的。为此，我们在两年前开展了一项旨在明确食品安全真实状况的研究工作。在该研究中，我们首先确定食品的实际安全程度，进而明确与欧洲公众健康相关的风险排序。这项研究结果于 2020 年发表在著名的科学期刊《Critical Reviews in

Food Science and Nutrition》上，研究内容包括由欧洲食品安全局（EFSA）开展的 100 余项风险评估工作。此外，我们对消费者长期暴露的食品中潜在化学危害物进行了详细的评价，即"慢性膳食暴露"。

在本书中，我们对此前进行的部分评估工作进行了更新。本书的第一章讨论了食物的健康风险和获益；第二章展示了上述研究工作中针对具体污染物和污染物组的研究结果；第三章尝试对有健康隐患的食品污染物进行风险分级。

在此，我们向维也纳的 Wiener Vorlesung 领导的优秀团队和维也纳自然资源与生命科学大学（BOKU）的研究团队表示感谢。Rudi Krska 非常荣幸在 BOKU 150 周年校庆之际，在维也纳市政厅美妙的宴会厅中就"无毒安全食品"这个重要话题发表演讲。在本书的参考文献中列出了作为此次演讲和本书主要内容的一些论文。我们要特别致谢我们的同事 David Steiner（曾执教于 BOKU）和来自布拉格化工大学（UCT）的 Jana Hajšlová，感谢与他们在食品分析和研究领域建立了出色的国内外合作。我们还要感谢 BOKU 农业生物技术系（IFA-Tulln）生物分析和农业代谢组学研究所的全体工作人员，以及我们在图尔恩的 Technopol 园区［即奥地利饲料和食品质量安全创新能力中心（FFOQSI）所在地］的同事。我们同样对奥地利帝斯曼公司（DSM）以及贝尔法斯特女王大学全球食品安全研究所的同仁和合作者们表示感谢。

鉴于我们与中国同仁间的卓越合作，在此感谢国家食品安全风险评估中心（CFSA）、国家粮食和物资储备局科学研究院、中国农业科学院（CAAS）以及罗玛实验室检测服务（无锡）有限公司所给予的大力支持。此外，我们要感谢 BOKU 的同事 Franz Berthiller 和 Rainer Schuhmacher 对书稿校对并提出宝贵修改意见；同时也向 Rudi 的爱妻 Vera 表示诚挚的谢意，她对本书德文原稿提出了很多宝贵意见。

我们祝愿您在阅读本书时能感到愉快、有趣，拥有收获颇丰的体验。

目录

第一章 食物中的健康风险和收益

第一节 寻找问题的元凶——
食物中的毒素

一、"女巫"

尽管不想透露太多剧情，即使是在发达的欧洲，人们也暴露于食物中有害物质的混合物中，这些物质会带来潜在的健康风险。特别是这些污染物中，部分已经确认或疑似是促进癌症的物质（致癌物）。其中，最广为人知的一个例子是真菌毒素——黄曲霉毒素 B_1，它天然存在于花生和谷物中。那么谁该为食物中存在毒素的事实负责呢？在 11 世纪，也就是中世纪的时候，这个问题显然很容易回答，因为当时肆虐的食品污染疫病的元凶很快就被确定了——"女巫"。当人们被一种称为"圣火"的疾病折磨而出现四肢腐烂时，"女巫"被要求对此负责。600多年后的17世纪，人们更加激烈地抨击那些被恶魔附身的人。但此时法国医生已经找到了这些令人印象深刻的健康事件的原因——人们食用了被麦角菌污染的谷物（黑麦粉）。麦角菌是一种紫褐色麦角真菌 *Claviceps purpurea* 的菌核，呈4～6cm长的谷粒状。归功于现代科学研究，我们已经知道所谓的"圣火"绝不应该归咎于女巫，事实上它是一种危险的、自然发生的食品污染物，正是由这种紫褐色麦角菌产生的真菌毒素，即所谓的麦角生物碱。摄入这类物质会导致大范围的血管收缩，产生"像被火灼烧一样"的疼痛，有时甚至导致整个肢体脱落。一个鲜为人知的事实是，从麦角菌中获得的麦角酸可用于生产药物麦角酸二乙胺，这类物质以其缩写 LSD 广为人知。LSD 是一种可以改变人的意识状态的迷幻药，可能导致自我与外界的界限部分完全消失。因此，麦角生物碱的毒性作用包括导致幻觉也就不足为奇了。作为分析化学家，我们必须补充说明，要想分析这些真菌毒素很难，因为它们的部分化学结构可以被迅速转化为其镜像对应物，即所谓的差向异构体。

二、欧盟的"体系"

现在的情况如何？即使在当代，我们的食物中也有几乎无处不在的毒素，谁是我们可以追责的"女巫"或"巫师"？在公开场合，欧盟或其"体系"经常被指责为问题的元凶。在我们看来，欧盟委员会（EC）与欧盟成员国（EU MSs）一起通过欧洲食品安全局（EFSA）、欧盟委员会卫生与食品安全总局（DG Sante）和各国当局之间的良好合作，建立了一个优秀的、真正的世界领先的系统，确保了欧盟的食品安全。因为食品法在欧盟内部是统一的，所以食品在整个欧盟市场上受到相同的安全规定的约束。从其他国家进口欧盟的食品也必须符合这些要求。同时，欧盟内部也建立了多重控制系统对这些高等级食品安全标准的实施进行监控。食品行业责任重大，不可忽视，欧盟食品法也体现了这一点。

即使所有措施都做到位，在对欧盟消费者进行调查时，结果仍然显示消费者对其食物的安全性有所顾虑。这在很大程度上取决于人们感知的风险，而不是实际风险，尽管食品安全问题在欧盟内部发生的频率远低于世界其他地区，但有关食品安全问题的广泛报道仍然引发消费者的严重担忧。

对食品健康风险的评估始于对潜在危害的识别。例如，在一种草药中发现了新型植物毒素，这类研究结果往往随后发表在科学杂志上，或者直接转给EFSA。然后，该化学物质被提请同行或 DG Sante 注意。接下来，DG Sante 与欧盟成员国共同决定对这一新发现的物质进行健康风险评估，以保护消费者。接下来的工作则是与合适的欧洲伙伴组织合作，确定消费者对这种化合物的暴露情况。这就需要关于这种物质通过食物暴露的发生情况和频率的分析数据。因此，在这一案例中，需要检查我们食用的可能含有这种毒素的草药的数量。最终，膳食暴露一旦被确认，就必须对这种物质造成的健康危害进行毒理学评估。由于存在从"腹泻"到"产生癌症"

等多种潜在的毒性影响，最后一步评估工作尤其耗费人力。获得所有信息后，EFSA 的独立专家将起草一份健康风险评估报告，即所谓的"科学意见"。最后，由 DG Sante，或更正式地由欧盟委员会与欧盟成员国一起决定必须发布并强制执行的法规或法律条款，尽可能降低这种新的健康风险。EFSA 和 DG Sante 的独立行动可确保 EFSA 的科学风险评估不受 DG Sante 或欧盟委员会的风险管理决定的影响。相似的流程也被用来建立相关的法律，如制定蔬菜或水果中农药的最高限量值。当然，在引入限量值时，要与食品行业合作进行最终的可行性检查，这一步骤非常重要，不可忽视。这是因为，必须检查立法者制定的限量值在被遵守的同时不会造成市场上任何重要食品的短缺甚至完全消失。这是许多国家，尤其是热带地区的国家必须面对的挑战。多年来，由于受到严重的真菌侵袭，这些国家缺乏安全的谷物或水果供应。

欧洲食品和饲料快速预警系统（RASFF）使这个高度专业和高效的保障食品安全的体系更加完

善。RASFF 在欧盟成员国、EFSA 和欧盟委员会组成的工作网络中交流对人类和动物健康以及环境的风险警示。这一设置确保了进口欧盟的食品一旦超过污染物最高限量，将立即被通报给所有其他欧盟成员国的有关部门，从而确保进口食品和饲料的任何潜在健康危害可以立即得到应对。这是欧盟的一个重要却或许没有得到足够认可的成就。同样重要的环节是，欧盟委员会的内部审计机构对欧盟及其贸易伙伴的食品安全立法实施情况进行审计和检查。

关于政治对食品安全的责任这一话题，存在一则"一个不幸脱离了欧盟的国家"的轶事。英国（UK）前首相特雷莎·梅在 2019 年被问及"发霉的果酱是否仍可食用"这一难题时，这位当时的政府首脑对此的回应是："是的！我只是用勺子刮掉霉菌，然后吃下面的东西。"这则新闻的标题甚至进入了英国广播公司的主要新闻公告。随后，公众围绕发霉果酱的安全问题展开了激烈的辩论。经验表明，这类问题也往往属于令公众感到特别兴奋的问题之一。目前，有关这一问题领域已经有了一些出版物，包括来自维也纳自然资源与生命科学大学（BOKU）的出版物，在不涉及科学细节的情况下，可以说特雷莎·梅在她的风险评估中是不正确的。这是因为：即使在果酱发霉的表面以下4cm处，往往仍有相当高浓度的真菌毒素，例如具有神经毒性的化学物展青霉素。因此，本书建议丢掉发霉的果酱。同样的情况也存在于霉变的面包、水果或蔬菜中，由于水分含量和扩散力的作用，在食物看起来完全正常的一面，往往还是能发现高浓度的真菌毒素。

三、食品危机和全球化

在20世纪90年代暴发的疯牛病和比利时二噁英丑闻引起的食品安全危机的推动下，欧盟食品安全体系在2002年得以建立。随后，一些可能升级为全欧洲危机的食品化学物污染意外事件，如猪肉中的二噁英污染和野生蘑菇中的尼古丁污染，在各自国家和欧盟层面得到了更好的管控。食品生产过程中非法使用化学品导致大量复杂的食品安全事件不断出现，通常与食品欺诈相关联。2017 年，来自比利时的鸡蛋被氟虫腈（一种非法兽药）污染，进入了许多其他欧盟成员国市场。在更早的 2013 年，欧洲马肉丑闻事件中用马肉替代牛肉的比例有时高达 100%。该事件中，在全欧盟的马肉中都检测到一种非法兽药苯丁酮。本书的一位作者 Elliott 对此进行了详细的调查，并形成了具有里程碑意义的关于"如何打击食品欺诈"的报告（见参考文献列表）。最后要提到的是引起了大规模和长期的不信任的 2008 年中国"三聚氰胺事件"，在这个事件中，出于纯粹的对利润的贪婪，廉价的化学物三聚氰胺被加到婴儿奶粉和其他牛奶产品中。因为该化学物所含氮元素比例远高于牛奶蛋白，而为了简单起见，通常在分析测试中采用的蛋白质分析（凯氏法）仅仅测量氮含量，并根据氮含量计算蛋白质含量。所以，加入三聚氰胺可以在产品测试过程中呈现出奶粉中虚假的高蛋白含量。三聚氰胺的添加使其产品有可能在市场上获得更高的价格。但是，三聚氰胺的摄入可导致食用者（尤其是婴幼儿）肾结石的形成，令许多人入院治疗甚至死亡。除了中国以外，由于奶粉在北美非常受欢迎，同一时期北美地区也特别受这一事件困扰。然而，在欧洲，除极罕见情况，这些奶粉中的三聚氰胺并不构成暴露风险。三聚氰胺事件的发酵导致欧盟完全禁止对中国奶制品的进口。我们清楚地知道非法使用化学品和食品掺假不应该发生，但相信这些在未来不会发生就过于天真了。这类事件削弱了消费者对食品安全以及政府保护他们的能力的信心。同时，也增加了暴露于非常规食品管控下的化学物的风险。为了缓解这一问题，欧盟成立了一个食品欺诈和质量知识中心，同时欧洲刑警组织也在与欧盟食品欺诈网络合作。在这种情况下，为防止此类食品掺假案件的再次发生，对已知的污染物和新或未知物质进行准确控制和开发先进的分析方法很有必要。事实证明，非靶向光谱、质谱方法的开发和使用至关重要，贝尔法斯特女王大学全球粮食安全研究所内的ASSET技术中心主导了许多这样的技术创新。

四、消费者认知

那些宣扬食品很安全的人能否真正保障食品安全，只有略多于一半的欧盟消费者对他们有信心。根据法律规定，事实上是由食品行业负责保障我们的食品安全且合法合规，但人们对食品行业的信任度很低。消费者拥有不同的教育背景和认知，获取信息的渠道多且不同（其中一些尤其不可靠），心理和情绪因素也会影响消费者对食品相关健康风险的预估。这可能是无麸质产品被认为更健康的原因之一，即使是那些从未被诊断出患有乳糜泻、不需无麸质产品的人也是如此。另一个有趣的事实是，消费者更有可能将食品中的化学物质与食品添加剂及其他人为使用的化学物质（如杀虫剂）而非化学污染物联系起来。农药在媒体上引发了许多讨论，因为消费者特别关注食物中存在的这些化学物质。甚至可以说，现在人们对那些被最广泛评估过的化学物质（包括农药和食品添加剂）对健康可能产生的有害影响有一种扭曲的认识。当然，事实上情况要复杂得多。因此，"天然的就是健康的"和"化学品是危险的"这种外行观点应该受到质疑。"天然并不等于健康"这一事实的一个极佳例证是前文已经提到的"自然"发生的真菌毒素 mycotoxins。这一术语源自希腊单词 *mykes*（真菌）和拉丁单词 *toxicum*（毒素）。尽管真菌毒素一直是食品中最常发现的三大污染物之一，但大部分公众并不了解它们的存在。真菌毒素的急性毒性往往比杀虫剂强 100 倍甚至更多，部分还兼具致癌性。如果对真菌毒素的最大允许浓度（限值）采用与农药相同的严格标准，面包和面食产品将无法在市场上销售。为杀虫剂设定更严格的最高含量的可能原因之一是，杀虫剂是人为添加用以控制植物害虫、杂草和植物疾病的。而真菌毒素是由真菌基于一系列复杂的环境和生物原因而自然产生的。因此，与真菌毒素相比，食物中的农药浓度至少在理论上更容易被控制。当然，在讨论这类控制措施时，应综合考量成本和效益关系对环境的潜在影响，以及不供应某些食品的后果。

由于化学污染物通常被认为是工业过程和人为

错误的结果，欧洲的消费者对除农药外的其他污染物的认识似乎相当低。此外，许多社会和文化因素以及社交媒体都会影响消费者对食品相关风险的看法。这使得针对食品安全问题进行严肃、可靠的沟通成为一项越来越具有挑战性的任务。

五、分析化学

由于现代分析方法功能强大，人们或许也可以将分析化学家认为是新出现的食品危机的潜在制造者。如本书的作者一样，这些人以检测食物中越来越多的痕量物质为职业。即使是检测十亿分之一（ppb）范围内的浓度，即相当于 1kg 食物中含有 1μg 污染物，对分析人员来说也不再是那么大的挑战。在本书后面会有更多关于这个主题的内容。

现代分析化学所拥有的灵敏分析方法有时可以在不经意间成为食品监管机构的噩梦。然而，对食品样品的全面分析是对受污染食品进行任何全面风险评估的基础。这里应该提到的是，在维也纳自然资源与生命科学大学（BOKU），通过与 K1 能力中心 FFoQSI 合作，科学家们开发了一种世界上独一无二的方法，可以在 45min 内完成一个样品中 1400 多种污染物的检测，包括 300 种真菌毒素、50 种植物毒素、150 种兽药和 500 种农药。通过使用新一代质谱仪和最先进的分析方法能够同时准确地测定食品和饲料中数百种物质的浓度。质谱仪是极其强大的分析仪器，很多人可能因为它在犯罪侦办类电视剧中的表现而熟悉它。在食品分析中，首先通过色谱方法将样品中的化学物质（如杀虫剂或真菌毒素）与其他成分分离。然后化学物质被离子化形成通常是正电荷的粒子，并最终在质谱仪的电磁场中确定这些粒子的质量和浓度。这是一个相对快速、高度灵敏和高度选择性的过程，同时也是一个费用昂贵的过程。因此，只有先进的实验室才会配备其作为必要的设备。当然，为了能够进行全面的风险评估，有必要通过精确的分析方法尽可能对所有潜在的有害物质进行检测分析和毒理学定性。然而，我们对潜在污染物的毒理学相关性的了解知之甚少，如其在人体中的毒性作用，包括吸收、分布和代谢等。

实际上，毒理学特征分析通常是非常困难且耗时的，这是因为需要进行广泛的测试，比如使用细胞培养的方式，然而不幸的是，仍然需要经常使用动物进行测试。

六、气候变化

人们对改善粮食安全越来越感兴趣，同时也必须面对一些新的挑战。在气候变化的背景下，为了确保不断增长的世界人口的粮食安全，可能需要更密集的农业。气候变化会使植物害虫、杂草和植物疾病的数量增加，进而导致农药的使用增加。然而，据预测，全球变暖也将使这一类有争议的物质更快地降解。气候变化还将影响天然毒素（生物毒素）的产生和存在。根据英国埃克塞特大学的计算，自1960年以来，病原微生物（即那些能引起疾病的微生物）一直以每年几千米的速度向极地冰盖迁移。这些微生物包括真菌，例如可以形成黄曲霉毒素的曲霉菌。这类剧毒的、具有致癌性的真菌毒素，目前还只在欧洲南部、非洲大部和东南亚地区对健康构成威胁，但是未来，黄曲霉毒素的危害在欧洲中部也将变得更加严重。气候变化导致的极端天气事件也可能成为有毒食品事件的主要原因。一个例子是 2013 年年初发生在塞尔维亚的食品危机，它被称为"玉米事件"。当时在这个地区，极端高温加上降雨量少导致玉米大量感染曲霉菌，产生了大量黄曲霉毒素 B_1。奶牛在食用发霉的玉米后，大约 1% 的致癌物黄曲霉毒素 B_1 被代谢成黄曲霉毒素 M_1。这种代谢物可以在牛乳中发现，目前已被国际癌症研究机构（IARC）列为"可能致癌物"。因此，"玉米事件"迅速扩展到牛奶。在动物饲料领域，这一事件导致玉米中的黄曲霉毒素 B_1 的有效浓度超标 30 倍。同年，塞尔维亚作出了一个极具争议的决定：将牛奶中黄曲霉毒素 M_1 的最高允许浓度提高 10 倍，从每升 0.05μg 提高到每升 0.5μg，以便能使牛奶上市销售。除了可能难以从根本上量化的健康影响外，这场饲料和食品危机造成的经济损失也是巨大的。德国也受到了影响，受污染的塞尔维亚玉米被运送到下萨克森州的大约 4400 个农场，其中近 1000 个是奶牛场。这自然引来了众多媒体的头条报道和公众的高度关注。结果显示，尽管欧盟的限值相当严格，但是德国的乳制品行业没有出现黄曲霉毒素超标的情况。因此，作为一系列极端天气事件的结果，植物、真菌和其他（致病性）微生物形成的天然毒素意外出现在我们的食品中，这种情况在未来可能会更频繁发生。如今，食品污染事件的可预测性变得越来越差，一个全面且准确的食品控制方案变得比以往任何时候都更为重要。理想情况下，化学分析应覆盖整个潜在的"毒素谱"。在此背景下，需要再次提及塞尔维亚，在玉米和牛奶事件发生一年后，由于经历了一个相对潮湿低温的夏季，而曲霉菌更喜欢温暖的温度，因此只能在痕量分析中检测到微量黄曲霉毒素。然而，在2014年发现了大量的其他削弱免疫系统的真菌毒素，这是一类由镰刀菌属真菌产生的、可导致呕吐和体重减轻及其他症状的毒素。因此，我们需要为意外情况做好准备，即所谓的"未雨绸缪"。这就要求使用复杂的分析方法尽可能多地检测可能存在于食品和饲料中的污染物。总而言之，随着黄曲霉毒素从南欧扩展到中欧，欧洲食品供应系统中的黄曲霉毒素的丰度和浓度预计会增加。这也意味着随着真菌毒素含量的升高，越来越多的食品或其源头产品将不得不被处理掉，导致增加了潜在的食品浪费。为了适当地管理风险和确保食品供应，甚至讨论过提高欧盟真菌毒素的最高限量的可能性，以及是否会导致不可接受的健康风险增加。即使没有额外的风险，仍然需要非常仔细地计划与消费者的沟通，使他们相信情况确实如此，从而避免未来消费者再次对在欧洲销售的食品的安全性失去信心。海洋和其他水域的变暖也大大增加了有害藻类水华的规模和普遍性，使新的有毒藻类物种侵入以前没有水华的水域，可能导致鱼类和其他类型的海产品，特别是在欧洲水域捕捞的滤食性贝类中的藻类毒素浓度增加。例如，近年来报告了第一例因饮食接触新出现的海洋生物毒素（如河豚毒素和雪卡毒素）而导致的人类中毒事件。当然，正如在北欧所报道的，气候变化也可能导致有害藻类水华规模和海洋生物毒素水平的降低。因此，毒素谱和流行率将发生变化，从而使监测计划变得更加重要。

当然，气候变化对食品安全的影响是无法全面评估的。然而，应当重视的是全球变暖对我们食物中的有机污染物和重金属污染的影响。森林火灾会产生大量的有毒物质，并活化土壤中的重金属。洪水可以进一步将这些污染物输送到未受污染的地区。较热的温度降低了水体的盐度，促进了汞的甲基化，进而增加了鱼类和贝类对甲基汞和其他重金属的摄取。上述事件将影响未来食品污染物的长期暴露情况，导致额外的健康风险。

第二节　我们暴露在哪些慢性健康 风险之下？

为了能够回答这个问题，作者研究了在欧洲层面进行的总共 100 多项风险评估，尤其对消费者长期接触的食品中潜在的有害化学物质进行了详细评估。基于这种长期接触，我们评估了食品的安全性，并根据与欧洲公共健康的相关性对已确定的风险进行排序。

一、肥胖和血脂

尽管消费者通常最关心的是食品中的（潜在）化学品，但目前面临的最重要的与食品有关的健康问题是肥胖。肥胖通常和运动不足相关联，可增加心血管疾病、2型糖尿病和部分癌症的风险。其中，糖尿病与心血管疾病相关，是2012年全球死亡的主要原因。在欧盟，2014年约有50%的成年人超重或肥胖。目前在欧洲，超过8%的医疗负担以及高达13%的死亡与肥胖或严重超重有关。肥胖的发生率正在上升，尤其在儿童中，大约有三分之一的11岁欧洲儿童超重或肥胖。近期，欧洲卫生部长们得出结论，欧洲儿童肥胖症的增加与加工食品和快餐的消费增加有关。年轻人越来越倾向于吃容易获得高脂肪、高糖和高盐含量的食物，特别是在离家的时候。此外，如果长期规律食用这类食物，会导致重要的营养物质，如维生素和矿物质的长期供应不足。这导致了所谓的隐性饥饿，意味着个人对微量营养素的生理需求不再得到满足。来自不富裕家庭的儿童经常受到由此产生的营养缺乏症状的影响。

　　人造反式脂肪对我们的身体，尤其对我们体内的胆固醇水平会产生负面影响。在天然、健康的植物油中，不饱和脂肪酸酯主要呈顺式结构。然而，在工业加工过程中，如脂肪的氢化，油脂的分子结构会被改变。这一过程涉及通过催化加氢将不饱和的碳双键转化为饱和单键，生成副产品——人工反式脂肪酸酯。这些有害脂肪也会在油炸过程中形成，特别是深度油炸。在食品科学技术中，这一过程被人为使用以改变油的质地和稳定性。例如，液体油可以用来制造可涂抹的产品，如人造黄油。在人造黄油的生产过程中，由于脂肪氢化不完全，甘油酯中反式脂肪酸的比例曾经高达 20%。一些欧盟成员国还限制某些加工食品中的反式脂肪含量。现在，改进过的生产技术使完全氢化产品的反式脂肪含量降至约 2%。这是一件好事，因为反式脂肪摄入得越多，人们患心血管疾病的风险就越大。反式脂肪实际上会导致"坏"的低密度脂蛋白（LDL）胆固醇的增加。值得一提的是低密度脂蛋白胆固醇的一个更危险的亲戚，即脂蛋白（a），迄今为止几乎没有得到关注。尽管已知约有 20% 的人存在由于遗传因素导致的脂蛋白（a）水平的升高，但其健康相关信息人们一无所知。血液中脂蛋白（a）的分析并非常规健康检查的一部分，可能是因为这种血液脂肪的浓度在一生的大多数时间中保持恒定，不易受饮食的影响。然而，如果认识到高于正常水平的脂蛋白（a）的风险，受影响的个体至少有机会将其他风险因素降到最低，从而降低他们患心血管疾病的总体风险。预计在未来几年，随着降低脂蛋白（a）的新型药物的出现，这种特别值得关注的低密度脂蛋白可能会得到更多的关注。

二、微生物性食物中毒

尽管本书的重点是评估食品中化学污染物的健康风险，但为了完整起见，必须明确强调，继"肥胖"之后，"微生物性食物中毒"是欧洲消费者的第二大健康风险。每年，即使是在高度发达的欧盟，也有大量的疫情暴发，并导致数百万人患病，甚至在某些情况下导致死亡。在欧盟，每年有超过20万起因弯曲杆菌导致的食源性疾病暴发；约9万起因鸡蛋产品、家禽、肉类和乳制品中的沙门氏菌污染导致的疾病暴发；约2000起因动物源性食品中李斯特菌引起的疾病暴发。因此，欧盟委员会不断资助新项目，根据最新的科学知识研发创新，以应对新出现的针对食品安全的微生物和化学威胁。如获560万欧元资助的FoodSafeR研究项目，该项目从2022年10月起由FFoQSI负责协调。这项工作重点关注新出现的风险，如气候变化导致的新的微生物污染物。在化学危害方面，FoodSafeR的任务包括通过处理海量数据（大数据）来推进新的、高效的生物毒素预警和监测方法。

三、食物中的化学物质

化学品在被允许人为添加到食品之前需要进行广泛的安全测试。这类化学品包括用于增甜、着色或延长食品保质期的食品添加剂及膳食补充剂（如维生素、矿物质和纤维等）。因此，只要遵守相应的欧洲食品法规，这些物质被认为不会对人类健康构成风险。市售农用化学品和与食品接触的化学品的安全性也以类似的方式进行评估。与食品添加剂类似，这些化学物质也是人为使用，但并不意味着它们会出现在最终的食品中。这类化学物质包括残留的农药、兽药和与食品接触的包装材料。只要它们在食品中的残留浓度在法律限制的最大范围内，预期就不会对人群健康产生不良影响。所有人为使用的食品化学品在欧盟境内销售都需要获得许可。

食品中的非有意使用的化学污染物，如来自环境和食品加工过程的污染物以及天然毒素，如果其浓度超过法律限制，也会对健康产生影响。然而，即使遵循如法律限值规定的风险管理措施，也不能完全规避某些食品污染物对欧洲公民健康造成的风险。对于那些无处不在的污染物或具有遗传毒性特性的污染物尤其如此，并且针对污染物长期混合暴露的风险评估难以开展。

尽管食品中存在许多具有潜在危险性的化学污染物，但想要像"肥胖"或"微生物性食物中毒"

那样，对其致欧盟民众的疾病和死亡风险进行估计几乎不可能。这主要是因为化学污染物造成的不利健康影响通常是慢性的，即长期低水平的饮食摄入（暴露）造成的。对于一些具有急性毒性的天然毒物，在欧洲已有关于由大量的饮食摄入导致人类疾病暴发的报告了。除植物毒素外，这类病原还包括蓄积在滤食性贝类的食用部位的海洋生物毒素或藻类毒素。

四、实现暴露组评估

2005 年，国际癌症研究机构（IARC）主任 Chris Wild 提出了对人体一生中所有暴露的评估，即所谓的"暴露组"的概念。饮食中的化学物暴露组是指我们在一生中通过饮食接触的所有化学物。它是总体暴露的一个重要部分，是所有来自内、外源化学物的终身暴露。内源性的人体功能（源自身体本身），如新陈代谢、内源性激素、氧化应激、炎症、肠道的微生物组（所有微生物的总和）以及衰老，构成了内源性暴露。大量的外部暴露的来源包括饮食、环境和工作场所中接触的化学品和病原体，此外还包括压力和社会环境等其他因素，这些外源性物质（产生于生物体外）还包括如吸烟和饮酒之类的生活习惯。完全揭开人类暴露组的面纱，就有可能在非传染性疾病（如癌症）的发展和外部暴露的组合之间建立因果关系。这种联系也就解释了英语术语 exposome 的起源，一个由 exposure（处于暴露状态）和 genome（基因组，生物体的全部遗传信息）组成的合成词。暴露组研究仍处于起步阶段，极其复杂和耗时，有可能成为未来许多代科学家的核心工作。这个主题如此复杂的一个原因是，外源暴露受到我们内源性身体功能和基因组的影响。

本书接下来的章节将讨论一个非常重要的问题：在欧洲，最终出现在我们盘子里的食物是否可以安全食用。本书将全面介绍欧洲普通成年消费者在生活中所有通过食品频繁接触的化学品的终身暴露。同时，也将讨论这种暴露可能如何影响我们的健康，以及是否构成潜在风险。由于 EFSA 负责评估食品中的化学品可能对欧盟公众健康造成的风险，以下评估主要是基于该机构现有的科学风险评估。然而值得注意的是，仍有相当多污染物（如天然毒素或加工污染物）未被 EFSA 评估或充分评估，暴露在其中也可能造成风险。

第三节　日常饮食是有益和有害化学物的复杂混合物

如前所述，食物是各种化学物的高度复杂的混合物。它含有有益成分（如宏量营养素和微量营养素），也包含潜在的有害化学物。食品掺假通过故意添加非法物质（宏观和微观）达到获得最大经济利益的目的。许多化学品被允许用于食品生产，但在食用阶段它们不应出现，这类物质包括残留的杀虫剂和兽药。然而，存在于我们食物中的大量化学品既无益处，也非刻意添加。这类物质包括环境污染物和来自食品加工和包装过程的污染物。许多化学品天然存在于环境中。它们在食品中的存在是偶然的，且因其自然存在而不可避免。这一组化学物包括生物毒素和天然食品成分，如硝酸盐或咖啡因，以及大米中的砷——这是世界各地在富含砷的土壤或水源采用湿法种植水稻的结果。

虽然欧盟早已对食品中一些化学污染物的最大浓度进行了规范和控制（如硝酸盐和黄曲霉毒素），但其他物质（如全氟烷基化合物、溴代阻燃剂和某些重要的真菌毒素）还未被管控。对于这类物质中的绝大多数，需要进一步监测毒理学数据以采取准确和适当的风险管理措施。即使迄今为止可获得的数据有一定的不确定性，欧盟委员会也应该对这些污染物采取预防措施以保护公众健康。当欧盟层面没有立法时，有必要应用国家的法律。此外，国家食品安全机构应向消费者提供广泛的建议。例如，由于在欧洲消费的各种鱼类的甲基汞水平差异很大，相关机构应该在国家层面向消费者提供关于健康鱼类消费的建议。

一、化学污染物暴露可致疾病甚至癌症

危险化学品具有危害人类健康的特性，如致癌

性、肝脏毒性、损伤神经系统的神经毒性。不同化学品具有差异较大的毒理学特性和潜在相互作用。同一种化学物也可同时具有多种毒性，例如，同时具有生殖毒性和致癌性。当人类接触足以造成这类效应的剂量时，有害物质就会对健康产生不利影响。"Dosis sola facit venenum" 也即"剂量决定毒性"！瑞士医生帕拉塞尔苏斯在 16 世纪就得出了这个结论。然而，即使摄入了足够剂量的有毒物质，人体内仍然存在多种生物机制可以抵消有害影响。例如，镰刀菌 *Fusarium* 最重要的毒素——脱氧雪腐镰刀菌烯醇（deoxynivalenol）可被肝脏转化为无毒的水溶性物质。这是通过毒素与氧化的葡萄糖分子结合实现的，其产物可以迅速通过尿液排出。由于这一解毒机制的存在，接触者一般不会出现不良的健康影响，直到摄入的剂量过高导致这一机制在解毒过程中失效。

欧盟食品法将健康风险定义为"由一种危害导致的不良健康影响的概率和该影响的严重程度的结果"。因此，风险是一种概率（不良事件发生的概率），使用"潜在的风险"这一术语表示可能发生的风险。然而，对于某些化学品来说，不可能建立一个安全的暴露限值，即在不会产生任何潜在风险的条件下，对某种化学物质的最大暴露量。有一些化学物质直接与人类 DNA 发生反应并可以导致癌症。真菌毒素黄曲霉毒素 B_1 就是这类物质的一个极好的例子，是一种主要存在于坚果、干果和谷物中的污染物。不幸的是，与前述镰刀菌毒素相反，肝脏会将黄曲霉毒素 B_1 转化为一种更加活跃的分子。活化后的毒素随后进入细胞核，与 DNA 碱基鸟嘌呤特异性结合。在这一直接基因毒性机制中，癌细胞的形成源自该物质对 DNA 的特殊修饰。据推测，在这个过程中不存在阈值剂量，因此，即使是最小的量也会致癌。既然完全消除与 DNA 直接反应的致癌物质通常是不可能的，那么尽可能减少这些毒物造成的健康风险被认为是首要目标。这种最小化要求在技术术语中被称为 ALARA 原则（As Low As Reasonably Achievable）。根据这一原则，食品中的物质浓度应该是"合理可得的最低水平"。例如，目前每千克花生中黄曲霉毒素 B_1 的合法适用限量为 2μg，相当于十亿分之二的质量分数，这被认为在技术上是可实现的。在英语中，人们所说的十亿分之二，缩写为 2ppb，这听起来是一个非常小的数量，但如何想象这个规模呢？如果你喜欢去标准游泳池游泳，下次去的时候你可以在里面溶解两块方糖，即在容纳 30×10^6 L 水的游泳池里溶解了 6g 糖的浓度。于是，游泳者就在这个池子里制造了 2ppb 的糖分子浓度。这就相当于目前花生中的黄曲霉毒素浓度的法律限制。这个令人难以置信的低浓度也很容易用敏感的分析方法检测出来。任何具有基本化学知识、熟悉摩尔数量的人都可以很容易地计算，当食用大约 100g 黄曲霉毒素含量为 2ppb 的花生时，人们摄入的这些有毒分子的数量高得令人难以置信，约为 1×10^{15}（一万亿）。这些黄曲霉毒素分子中的每一个分子都有可能与 DNA 发生反应，在 DNA 复制过程中造成错读，并因此引起突变，导致肝癌的发生。当然，健康的人体可以识别这种经过修改的、具有潜在危险性的 DNA 片段，并利用人体自身具有的酶将其从 DNA 中切割出来，通过尿液排出体外，以避免癌症的进一步发生。我们是如何知道这一切的？如果有人吃了被黄曲霉毒素污染的坚果，分析化学家可以用质谱法检测到这个人的尿液中的 DNA - 鸟嘌呤结合的毒性部分，即从 DNA 中切出的解毒产物。因此，我们有许多生化机制可以完成"外科手术式的清除"，例如，切断已经结合在 DNA 上的毒素。然而，如果解毒机制失效或不完整，就可能导致癌症。在这种情况下，不容忽视的是众多的免疫细胞，它们也参与了这场抗癌斗争。它们会一直寻找组织中存在的危险变异的迹象，并且通常会立即消除变异的细胞。除幼儿外，我们对致癌物的耐受性高得惊人，否则，患癌症的人将比实际情况多得多。就像我们熟知的，人类的 DNA 会因持续接触致癌物质或紫外线辐射而永久受损，但实际上因为日光照射造成的癌症病例并没有预期的那么多。除此之外，还存在间接的遗传毒性机制，在这种情况下，物质不会直接与 DNA 发生反应。在这些情况下，化学物质以其他方式改变

DNA 或染色体，例如，通过产生氧化应激导致活性氧基团的形成，进而可以改变 DNA。这类过程被认为具有阈值剂量，低于该剂量的物质就不会致癌。有趣的是，物质致癌性的分类即其致癌能力，是基于对人体的证据强度，而不是基于该物质本身的致癌能力。IARC 将第 1 组物质认定为"对人类有致癌性"。对于这些物质，有足够的证据证明其致癌性。在此强调，IARC 的分类只评估危害性。如果对这些物质的暴露没有进行计算，那么潜在的风险就无法评估。

总之，我们食物中的毒素具有致癌能力而且确实导致了癌症。基于不同的物质，可能会形成 DNA 反应性或毒性较低的代谢物，导致癌症的风险改变。然而，很多时候，癌症是由随机突变引发的，也可以独立于环境条件而发生。在众多的坏消息中，好消息是：人类是高度有效的解毒机器，即使我们没有接受昂贵的解毒疗程也可以有效地代谢和消除许多化学物质。

二、我们正暴露于食物中不同化学物质的混合物中

我们吃什么以及吃多少取决于我们的个人需求和偏好，年龄、性别、身体活动和生活方式、文化背景、食物的可得性和饮食习惯都起着重要作用。在任何一天，消费者都会暴露于大量有意或无意存在于食物中的有益化学物和一些有害化学物的混合物中。由于日常饮食中食物的变异性很大，所以接触不同的食物化学品的差异也很大。例如，有些人食用大量的鱼和海产品，而有些人则吃得少或根本不吃。典型的欧洲鱼类高消费者，每周消费高达4份鱼，即可以摄入鱼中高水平的促进健康的物质，同时，也可能暴露于某些高水平的污染物（如甲基汞）。然而，即使是狂热的鱼类消费者也不总是吃同一种类型的鱼。此外，由于不同类型的鱼被不同的化学物质所污染，其数量不同，暴露的情况也不同。因此，在这种情况下，多样化的饮食显然是更有益的。

在欧洲，通常由于食品中污染物的浓度很低，所以决定污染物暴露剂量的主要因素是食物的消费量，而不是化学物本身的数量。然而，人们所消费的食物的数量和种类也有很大差异。饮食中的化学品暴露往往在儿童中是最高的，比成人高2～3倍，这主要是因为：相对于体重，他们的食物消费量较高。一个人可以在一生中每天摄入而不用担心对健康有害的物质的量称为"每日可耐受摄入量（TDI）"。在这个暴露水平上，不会发生明显的健康风险。一种物质的最大可耐受摄入量不仅指每天摄入的数量，还包括每千克体重吸收的数量。因此，在摄入同样有害物质的情况下，儿童是最脆弱的消费群体。此外，儿童的器官系统发育尚未完善，不能排除在生命后期才会出现慢性疾病。

当然，值得注意的是，消费者摄入化学品的剂量不一定等于能被人体生物利用的剂量。除了化学性质和剂量外，化学品的生物利用度还取决于许多因素，如性别、消化状况、饮食、年龄和个体遗传差异。在一种化学品能够引起积极或消极的健康效应之前，它必须被胃肠道吸收，并进入身体导致内暴露。例如，几乎所有摄入的无机砷或丙烯酰胺都会被人体吸收，但只有50%的四氯二苯并二噁英（TCDD）和3%～5%的真菌毒素伏马菌素 B_1 会被吸收。吸收完成以后，化学物会根据剂量分布到各器官，并进行代谢和排泄。无机砷、丙烯酰胺和伏马菌素 B_1，无论它们的生物利用率如何，在食用后一天内都会被排出体外，不会发生蓄积。然而，难以降解、不溶于水的二噁英会在身体的脂肪组织中蓄积。

不幸的是，我们对一个领域仍然知之甚少，那就是饮食中对化学物的混合暴露。这可能导致混合的毒理学效应。事实上，这种影响可能是相加的（1+1=2）、协同的（1+1=例如3），或拮抗的（1+1=例如1.5）。观察到的效果取决于各种化学物单独的毒性、含有这些化学物的混合物的成分组成，以及在一段时期内它们的数量或浓度。由于这些因素的组合数不胜数，化学物的混合暴露所带来的风险也很难估计。尽管如此，EFSA还是制定了风险评估指南，并就如何处理这种化学品"鸡尾酒"提出了建议。

第四节　植物性和动物性食品的
健康益处和风险

尽管本书的重点是我们食物中可能存在的化学毒物，但食物本身的好处和风险也不应被忽视。例如，食用大量的蔬菜和水果被认为是有益的，是平衡、健康饮食的一个重要部分。蔬菜和水果产品提供许多生物活性物质和营养素，如维生素、矿物质、类黄酮、类胡萝卜素、纤维和蛋白质。蔬菜和水果对体重管理很重要，并可以减少患一些非传染性疾病的风险。然而，由于接触过敏原或抗营养物质（抗营养素），食用某些蔬菜和水果可能对健康产生负面影响。后者是限制食物摄入的营养素被利用的物质。这些物质包括豆类（豆子、花生、大豆）和全麦食品中的凝集素，它们会影响钙、铁、磷和锌的吸收。

在许多国家，特别是在欧盟，谷物是人类饮食的核心，是我们日常食物的重要组成部分。它们是重要的能量来源并包含广泛的宏观和微量营养素。谷物的脂肪含量也很低，含有不饱和脂肪酸，这对于控制体重有好处。它们的纤维含量对保持健康的消化系统很重要。高纤维还可以防止非传染性疾病的发生。然而，谷物也含有过敏原，例如已知会导致乳糜泻的麸质。

尽管素食有众所周知的积极作用，但在讨论健康益处和风险时必须注意，动物性食物仍然是人类饮食的重要组成部分，是蛋白质、维生素和矿物质的重要来源。鱼和海产品含有微量营养素，如维生素 D，是有效吸收钙和正常骨骼矿化的必要条件。鱼类还富含必需的长链 $\omega-3$ 多不饱和脂肪酸，这些脂肪酸被认为可以减少心血管疾病的风险因素。每周吃 1～2 份鱼和海鲜与降低成人冠心病死亡风险有关。鱼类中的这些脂肪酸也可能抵消甲基汞暴露对人类的负面影响。然而，鱼和海鲜可能引起食物过敏。

由于红肉被列为"可能对人类致癌（2A 类）"物质和存在其他不利的健康影响，红肉消费最近受到了很多关注。然而，红肉是维生素 B_{12} 和其他

B族维生素以及矿物质的重要天然来源。人类对红肉中的矿物质的生物利用率也比对植物性食物中高。加工肉（如火腿或香肠）甚至被列为"人类致癌物（1类）"，因为肉类中的几种化学物质（其中许多是在烹饪或加工过程中形成的）有可能导致癌症。但是，致癌性不能与肉类中的某种特定物质联系起来。这些化学物包括铁-蛋白复合物血铁红素、N-亚硝基化合物、杂环芳香胺和多环芳香烃（PAHs）。人们通常认为化学物质和食物成分的混合物是致癌的原因。到目前为止，还没有关于红肉消费的全面风险（和获益）评估。然而，最近的研究发现，与大量食用红肉或加工红肉有关的心血管疾病风险似乎是由肉的几种成分造成的，这些成分包括饱和脂肪和加热产生的致癌物。对于白肉（家禽和鱼）的研究则没有观察到类似的关联。因此，一些研究得出结论，少吃红肉是有益的。然而，一些研究也揭示了食用肉类的健康益处和不食用肉类的人产生的健康问题。这又回到了我们上文的观点，即多样化的饮食始终是最好的策略。

第二章　受关注的食品化学污染物

第一节　来自真菌毒素的风险

　　天然毒素或生物毒素由生物体产生，它们的结构从小分子到大而复杂的化合物，不一而足。真菌毒素是农业中一类重要的天然毒素。这些有毒的次生代谢产物由真菌形成，不仅在果酱罐中存在，也特别容易在田间或不适当的潮湿存储的农作物上出现。据估计，至少有10万种真菌菌株可以产生20余万种不同的次生代谢产物，迄今为止，其中300多种已被确定为真菌毒素。然而据目前所知，至少怀疑有20000种真菌毒素存在，其中约20种常见于食品和饲料中。

　　就像真菌一样，农作物在正常情况下主要产生生命必需的物质，如氨基酸、碳水化合物和脂肪。

由于植物和真菌都无法躲避一些危险（如恶劣的环境或食物的匮乏），在压力情况下它们会转向次级代谢，从而能够产生大量的其他代谢物来应对不利条件，这种紧急情况也发生在作物的盛花期。在此期间，植物的抵抗力特别强，真菌（如镰刀菌属、曲霉属或青霉菌属）无法再从它们的宿主，即被感染的作物植物中获得足够的营养。为此，真菌转向次级代谢，形成真菌毒素以及其他物质，这些次级代谢产物就像"毒箭"一样，可以抵御害虫或削弱宿主，这样真菌就可以反过来从宿主那里获得必要的营养。然而令人不快的是，真菌毒素不仅会损害植物的健康，还会损害人类和动物的健康，其健康危害包括从恶心、呕吐、体重减轻到不孕不育和肝癌。此外，真菌毒素对农业造成了重大的经济损失。据专家估计，仅在欧洲，作物损失和对动物健康的不利影响平均每年造成约 15 亿欧元的损失。

一、从黄曲霉毒素 B_1 到其他众多真菌毒素

目前最著名的一类真菌毒素无疑是黄曲霉毒素。

它们由曲霉菌产生，这种真菌通常生长在欧洲南部气候条件下种植的作物上。20 世纪 60 年代初发现黄曲霉毒素，可以认为是食品中真菌毒素认知的开始。当时，英国有超过 10 万只幼年火鸡在食用来自巴西的发霉花生粕后死亡。之后人们对有毒物质的深入研究最终促成了黄曲霉毒素被发现，并以其被知晓的第一个生产者——黄曲霉命名。目前已知存在多种黄曲霉毒素，但黄曲霉毒素 B_1 是最具毒理学意义且和农业生产最相关的真菌毒素。长期慢性通过膳食摄入黄曲霉毒素与人类肝癌相关，这些生物毒素是已知的最强致突变和致癌物之一。IARC 将黄曲霉毒素 B_1 和黄曲霉毒素天然混合物列为"人类致癌物（1 类）"。在欧洲，虽然黄曲霉毒素在肝癌的形成中似乎只起到很小的作用，即使遵守食品中黄曲霉毒素的最高限量法规，长期慢性膳食暴露仍对欧洲人构成潜在的风险。在欧洲，黄曲霉毒素最常见于进口坚果和干果，但谷类及谷类食品却是欧洲人暴露于黄曲霉毒素的最主要来源，因为谷类产品是欧洲人非常重要的食物来源。

欧洲食品中最常见的真菌毒素是由镰刀菌属产生的。在欧洲，大部分地区气候温和，镰刀菌可能在谷物上生长，并产生各种名字拗口的有毒代谢产物。首要的是脱氧雪腐镰刀菌烯醇、T-2毒素、HT-2毒素、玉米赤霉烯酮和伏马菌素。此外，人们还知道一些具有类似基本结构的物质，包括隐蔽型真菌毒素。隐蔽型真菌毒素由作物在解毒过程中形成，例如，通过与葡萄糖分子结合。脱氧雪腐镰刀菌烯醇是世界上分布最广的镰刀菌毒素，以前也被称作呕吐毒素，因为它在高浓度暴露时会引起呕吐。20世纪70年代初，Takumi Yoshizawa教授在日本发现了脱氧雪腐镰刀菌烯醇，随后，1978年，奥地利科学家Hans Lew博士首次在欧洲测定了这种毒素。目前，脱氧雪腐镰刀菌烯醇的长期慢性膳食暴露不会对欧洲的普通成年消费者造成健康风险，但未成年消费者却面临着潜在风险。

类似地，在欧洲T-2和HT-2毒素、玉米赤霉烯酮、伏马菌素的暴露也不会造成健康风险。伏马菌素最早被发现于南非，其暴露主要来自玉米类食物。

但在欧洲国家，小麦类食物却是人们暴露于伏马菌素的主要来源。镰刀菌毒素的热稳定性非常高，因此，在烘焙饼干或面包时，镰刀菌毒素的含量仅会轻微降低，而收割谷物时的清洗和筛选则是降低镰刀菌毒素含量的重要措施。

许多研究表明，脱氧雪腐镰刀菌烯醇在低剂量暴露时可减少动物体重的增长，造成免疫损伤。T-2和 HT-2 毒素也表现出免疫抑制作用。玉米赤霉烯酮及其代谢物是一种特殊情况，这类真菌毒素是一种内分泌干扰物，如果进入体内，即使是极少量，也会通过改变荷尔蒙系统损害健康，并可能导致家畜不育。长期慢性暴露于伏马菌素会对动物的肾脏和肝脏产生不利影响。IARC 将伏马菌素 B_1 归类为"可能对人类致癌（2B 类）"物质。然而，伏马菌素并不直接与 DNA 发生作用。膳食暴露伏马菌素疑似会导致人类癌症的发生，但其因果关系尚未得到证实。

另一种欧洲常见的真菌毒素是赭曲霉毒素 A，由青霉属和曲霉属真菌产生。欧洲人暴露的主要来源是腌肉、奶酪、谷物和谷物制品，其次是干果、新鲜水果和果汁。IARC 将赭曲霉毒素 A 归类为"可能对人类致癌（2B 类）"物质。摄入赭曲霉毒素 A 后，直接和间接的遗传毒性和非遗传毒性机制都可能导致肾脏癌症。如果事实证明遗传毒性是直接的，那么长期膳食暴露该毒素会对欧洲消费者带来潜在风险，但这仍有待核实。否则，目前的健康风险较低。人们怀疑炎症性肾脏疾病与膳食摄入赭曲霉毒素 A 之间存在因果关系，但尚未得到证实。

交链孢霉毒素是链格孢霉属真菌产生的毒素之一。链格孢霉喜欢高温和潮湿的环境。由于气候变化，这种霉菌疾病目前在欧洲中部越来越多见，例如南蒂罗尔的一些地区。链格孢霉主要引起植物病害，例如在果实中，可通过灰褐色斑点识别。然而，它们也会形成毒素，其中一些具有遗传毒性。交链孢霉毒素的长期慢性膳食暴露，同 12 种麦角生物碱和雪腐镰刀菌烯醇一样，不会对任何年龄段的普通欧洲消费者造成潜在风险，而相对分子质量特别小的一种真菌毒素——串珠镰刀菌素的膳食暴露，会造成轻微的健康风险。

如上所述，还有许多其他的真菌毒素，虽然不太常见，但可能会以低浓度存在于食品中。高灵敏度的分析方法正助力于发现越来越多的真菌毒素，包括新型真菌毒素（如已经提到过的隐蔽型真菌毒素），以及更多"奇特"的毒素（如恩镰孢菌素）。所有这些代谢物都是欧洲消费者对真菌毒素暴露总量的一部分。然而，由于可获得的数据不足，目前无法进行可靠的风险评估。这些真菌毒素包括杂色曲霉素和桔青霉素。杂色曲霉素与黄曲霉毒素具有相同的生物合成途径，在动物研究中表现出致癌性，桔青霉素也具有致癌性。然而，它们在欧洲食品中比较少见，因而膳食暴露量也较低。白僵菌素和恩镰孢菌素缺乏明确的毒性研究数据。它们都是可电离的化合物，这意味着它们有能力选择性地跨生物膜运输钾离子。现有的风险评估不是非常可靠，但它们频繁出现在食品中，由此导致的膳食暴露使普通欧洲消费者面临潜在的健康风险。

第二节　来自植物毒素和其他天然植物成分的风险

次级代谢产物包括植物毒素。它们不是由真菌或虫害产生，而是由植物本身产生的。一些植物毒素类别，由数百种结构或功能相似的个体物质组成，能够污染农作物和植物性食品。例如，吡咯里西啶类生物碱是茶叶和蜂蜜中发现的污染物。

一、吡咯里西啶类生物碱和托品烷生物碱

吡咯里西啶类生物碱代表了一大类主要由植物形成的物质，如千里光或新疆千里光。这些化合物可能是植物为保护自身免受捕食者的侵害而产生的。吡咯里西啶类生物碱拯救了许多毛虫的生命，由于其污染和植物的气味，让天敌不会捕食它们。迄今为止，已知存在约600种吡咯里西啶类生物碱，根据现有知识，仅约30种对食品和饲料安全具有重要意义。几年前，在花草茶中检测到高浓度的这些植

物毒素。在某些种类的蜂蜜中也发现这些化合物的含量较高。此外，叶莴苣、草药和香辛料也可能被含有吡咯里西啶类生物碱的千里光污染。

长期慢性膳食暴露于这些生物碱对所有年龄段的欧洲普通消费者，尤其是经常喝茶或花草茶，以及食用蜂蜜的消费者构成潜在风险。众所周知，通过饮食大量摄入吡咯里西啶类生物碱会导致人类急性肝中毒，随后导致死亡。然而，对于欧洲消费者来说，这种潜在风险很低。一些吡咯里西啶类生物碱已被 IARC 归类为"可能对人类致癌（2B 类）"物质。

托品烷生物碱也是多种植物中的天然成分，尤其是茄科植物，如曼陀罗和颠茄。迄今为止，已知由植物产生的托品烷生物碱有 200 多种，它们借此保护自己免受昆虫等捕食者的侵害。曼陀罗等植物也生长在谷田里，来自这些植物的外来种子以及其产生的托品烷生物碱，最终在收获时进入谷类食品。因此，在农业生产中，人们努力从田间清除这些不受欢迎的植物。

尽管它们由一些粮食作物（如土豆）产生，但在200多种托品烷生物碱中，只有少数被仔细研究过。这些生物碱的膳食暴露会对人类产生急性影响，并可能产生神经后果。近期一项欧洲范围的调查表明，许多食物中都含有多种托品烷生物碱，其中一些含量还很高。这表明儿童和普通消费者都面临潜在风险。

二、芥子酸和氰苷

芥子酸存在于植物油和脂肪中，它是十字花科植物种子的天然成分，如油菜籽和芥末，其中可以发现大量芥子酸。从化学上讲，芥子酸是一种长链、单不饱和的 ω-9 脂肪酸。食物中芥子酸含量过高会损害健康，导致脂肪性心脏病。然而，芥子酸目前不会对欧洲任何年龄段的普通消费者构成潜在风险。

氰苷是一种广泛使用的植物毒素，由醇和碳水化合物（糖）分子组成，也含有氰基。这种形式的化合物本身没有毒性。但在酶解过程中，除产生其他物质外，会产生有毒的氰化氢（HCN），也称为氢氰酸。降解生成氢氰酸首先要从酶解相应的糖（通常是葡萄糖）开始。此时，应该特别提到苦杏仁和杏核中的苦杏仁苷。当生杏仁被咀嚼和研磨时，氰化物会从氰苷中释放出来。对幼儿来说，即使是一颗小杏仁也会对其健康造成负面影响，而成年人可以安全地食用3颗小杏仁或小半个大杏仁。人类暴露于氰化物可导致高急性中毒，甚至死亡。然而，氰化物的慢性毒性数据还不足以明确它是否对欧洲消费者构成潜在风险。

三、硝酸盐

硝酸盐是一种天然存在的物质，也是一种被批准使用的食品添加剂。对于大多数植物，硝酸盐是营养物质和重要的生长因子。它通过根系从土壤中被吸收，用于合成蛋白质和核酸。为了实现最佳的植物生长，集约化农业必须通过施肥不断地向土壤中补充氮，这导致地下水和土壤中硝酸盐含量升高。硝酸盐通过作物根部进入我们的食物。然而，植物中的硝酸盐含量并不仅仅取决于施肥。有些蔬菜品种会储存硝酸盐，而其他一些品种则几乎不会蓄积硝酸盐。叶菜和根菜，尤其是莴苣、野苣、菠菜、萝卜，特别是芝麻菜，硝酸盐浓度可能很高。另外，西红柿、辣椒、黄瓜、豆类或豌豆等蔬菜以及水果，硝酸盐含量相对较低。

综合考虑硝酸盐暴露的所有食物来源，普通欧洲消费者没有健康隐患。然而，儿童可能面临潜在风险。蔬菜和植物性食品对硝酸盐暴露的贡献最高，食品添加剂占 5%。食品的热加工、洗涤和去皮能最有效地降低硝酸盐含量。硝酸盐的毒性相对较低，但其代谢物和反应产物（如亚硝酸盐和 $N-$ 亚硝基化合物）会对健康产生不利影响。事实上，在人的口腔中，唾液能将硝酸盐转化为亚硝酸盐，进而形成所谓的 $N-$ 亚硝基化合物，这类化合物中相当一部分是致癌的，但是产生的量只会造成轻微的健康风险。

第三节　来自海洋生物毒素的风险

全世界的海洋中大约有 5000 种不同的藻类，其中约 300 种可以达到很高浓度，甚至能使大范围水体变色，如"赤潮"。一小部分藻类，特别是在藻华期，能够产生各种有毒的次生代谢产物，即海洋生物毒素。这些毒素可以在以藻类为食的贝类组织中积累，也可以在鱼类和其他海产品中积累。海洋生物毒素是高毒性物质，通过食物摄入后会对人体产生急性影响，症状范围很广，从嘴唇周围轻微刺痛或麻木到死亡。在配送给消费者之前，贝类养殖水域和贝类都要进行安全检测。海洋生物毒素的含量水平受季节性和年度波动影响很大，因为它们的产生取决于气候条件。因此，随着时间的推移，膳食暴露和相关的健康风险可能会有所不同。

欧洲海域最常见的海洋生物毒素包括石房蛤毒素、冈田软海绵酸和软骨藻酸。对于普通的海产品消费者，由于数据缺乏，其慢性健康风险目前未知。人们在食用了含有毒素的海鲜后，通过呕吐和腹泻快速排除毒素，可以迅速终止中毒状况，因此不需要就医，这也是数据不足的原因之一。然而，那些经常食用大量贝类的欧洲消费者可能会面临潜在风险，这是由于欧盟规定的最高限量水平保护力度不够。对于许多海洋生物毒素，欧盟没有规定其最高限量，不过，它们在欧洲水域并不常见。但是，气候变化可能会改变这种情况！贝肉的热加工可能增加或降低其中的毒素水平。地表水和海洋中的蓝藻（蓝绿藻）会产生蓝藻毒素，污染饮用水和食物。目前，欧洲人群的海洋生物毒素暴露水平尚未可知，但他们对于亚洲来源的养殖水产品消费量逐渐增加，这可能是一个潜在的重要暴露来源。

第四节　来自化学环境污染物的风险

一、重金属

天然产生和人类活动都会导致重金属在自然界存在。重金属可以被植物吸收并随后污染我们的食物，可以通过农业和工业活动、汽车尾气或食品加工过程中的污染进入我们的食物，还可以通过污水处理厂、洪水冲刷受污染土壤、雨水进入河流和湖泊，从而污染我们的水、海产品和鱼类。因此，人们不仅通过环境，还通过食用受污染的食物或饮用受污染的水接触重金属。随着时间的推移，它们在体内的积累会产生有害的后果。

目前，在长期的（即慢性）重金属饮食摄入水平下，铅、镉和砷对一些普通欧洲成年人构成了潜在的健康风险，而儿童所面临的健康风险更大。有趣的是，在欧洲许多植物性食物（连同自来水）对素食主义者的铅暴露贡献最大。流行病学研究表明，慢性铅暴露会造成成年人心血管影响和肾脏疾病。对孕妇而言，接触铅对新生儿的神经发育可能产生负面影响。饮食中植物性食品和肉类食品是镉暴露的主要来源。稻米中的镉的生物累积量尤其高。顺便提一下，吸烟是镉的一个重要的非饮食性来源。这一点很重要，因为IARC已将镉列为吸入后"人类致癌物（1类）"名单。

无机态的半金属砷比许多有机态的砷毒性大得多。在有机砷中，砷与碳结合。在海产品中，大部分的砷是有机的，而无机砷会在大米和海藻中进行生物积累。烹饪前将大米清洗干净并丢弃淘米水可以有效减少米饭中砷元素的含量。欧洲人饮食中无机砷的主要来源是乳制品和谷类产品，IARC 将无机砷归类为"人类致癌物（1 类）"。

除非经常食用大量的鱼和鱼制品，汞及其主要膳食形式——甲基汞的慢性膳食暴露并不对欧洲消费者构成风险。捕食性鱼类和生长期长的鱼，其汞含量水平很高。通过食物暴露于甲基汞影响人类的神经发育，对心血管的影响也是人们关注的问题。

目前的慢性镍暴露水平对欧洲所有年龄组的普通消费者构成了潜在的风险，主要来源还是植物性食品，但也包括软饮料。镍的暴露影响动物的生殖和发育，其也被 IARC 列为"人类致癌物（1 类）"。

与三价铬不同的是，从饮食中接触具有致癌性的六价铬会对欧洲普通消费者构成潜在的风险，尽管这种风险很小。后者可能是通过饮用水和用饮用水调制的饮料等途径摄入的。六价铬与 DNA 的直接反应会导致各种类型的癌症，其也被 IARC 列为"人类致癌物（1 类）"。

二、持久性有机污染物

在这里，首先有必要解释一下从化学角度理解的持久性有机污染物是什么。持久性有机污染物（POPs）是一类很难分解的物质，由于其具有脂溶性，可以在鱼类等动物乃至整个生态系统中的脂肪组织中蓄积。POPs 不溶于水，也不能被细菌分解。它们在自然界中要么完全不被降解，要么在很长时间后才被降解。因此，它们也被称为"永恒的化学物质"。即使在低浓度下，长期接触 POPs 也会导致癌症及一些过敏反应，损害神经、免疫和生殖系统。一些 POPs 是内分泌干扰物，即激素活性物质，如果它们进入人体，即使是最少的数量也会通过改变内分泌系统而损害健康。一些杀虫剂也被归类为 POPs，但早在 20 世纪 70 年代，欧盟就已经禁止使用它们。

最著名的"持久性有机污染物"可能是二噁英类物质。这一称呼是一个统称，包括 210 种多氯代化合物。二噁英也是持久性物质，难以分解且无任何用途。二噁英是在焚烧过程或者工业生产过程无意中形成的一类副产物。其中 17 种二噁英表现出广泛且不相同的毒性效力，引起了人们对于健康方面的关注。对人类的研究表明，通过损害精子质量对男性生殖能力造成影响是接触二噁英后最关键的健康效应。IARC 将研究最多的二噁英，即 TCDD，列为"人类致癌物（1 类）"。

一组同类的 POPs 物质是涵盖了大约 200 个化合物的多氯联苯（PCBs），其中 12 个物质具有与二噁英类似的生物活性。因此，这个"肮脏的一打"也被称为二噁英类多氯联苯（dl-PCBs）。PCBs 曾经因为工业用途而进行了大规模生产，但在 20 世纪 70 年代停止了生产。二噁英和 PCBs 以复杂的混合物形式出现，由于它们无处不在，所有人类都存在一定量的暴露。尽管在过去的 30 多年里，欧洲居民通过膳食摄入的二噁英和 PCBs 已经减少了 80%，但普通成年人的二噁英和二噁英类 PCBs 膳食暴露仍有潜在健康风险，儿童的潜在风险甚至更大。摄入 PCBs 后，会对肝脏和甲状腺产生不利影响。对于成年人来说，鱼和其他海产品是 PCBs 膳食暴露的最大贡献者，此外，奶酪和含肉食品也有一定贡献率。但由于某些食用鱼类具有公认的营养价值，芬兰、瑞典和拉脱维亚等国家对欧盟法定的二噁英最高含量有豁免规定，允许其公民食用超过最高限量水平的某些鱼类。

多环芳烃（PAHs）也是难以分解的持久性化学物质。它们是在木材、煤炭、汽油、石油、烟草和废物等有机材料的不完全燃烧过程中无意形成的，或者在烧烤、油炸、吸烟或干燥过程中在食品中形成。海产品和谷物食品对消费者的 PAHs 膳食暴露贡献最大。然而对欧洲普通成年消费者而言，慢性的 PAHs 膳食暴露的潜在健康风险很低。吸烟是 PAHs 的一个重要的非饮食来源。给夏季烧烤聚会狂热者的一个提示是防止脂肪滴到发光的木炭或不燃烧食物等热源上以减少 PAHs 的含量。许多欧洲国家对欧盟的法律限制有豁免，所以 PAHs 含量较高的传统烟熏产品可以在这些国家销售。IARC 将最受关注的 PAHs 苯并 [a] 芘归类为"人类致癌物（1 类）"，而将其他几种归类为"可能对人类致癌（2A类）"物质。

持久性溴代阻燃剂（BFRs）是人造化学物质的复杂混合物，可分为5类。BFRs被添加到塑料、纺织品和电子设备中，降低其可燃性。在欧盟，某些BFRs被禁止或限制。由于这类物质很难降解导致累积，因而使得BFRs在自然界中广泛存在。在使用或处置产品后，溴代阻燃剂通过沥滤进入环境，并随之进入食物链中。这些脂溶性污染物主要会污染动物性来源的食物，如鱼、肉、蛋和牛奶以及由它们制成的产品。在动物研究中，接触溴代阻燃剂对肝脏以及生殖、神经和免疫系统有不利影响。此外，还有一些新的溴代阻燃剂可能会引起健康问题，特别是致癌性，但目前为止还缺乏这方面的必要的毒理学数据。

最后，全氟代或部分氟代物质，即所谓的全氟和多氟烷基化合物（PFASs），也被称为"永远的化学物质"。这些有机化合物，其中至少一个碳原子上的氢原子完全被氟原子取代。根据经济合作与发展组织（OECD）所提供的数据，至少有4730种不同的 PFAS 物质，它们的结构中至少有 3 个完全由氟取代氢的碳原子。PFASs 完全是以工业规模生产的，几十年来一直被用于制造防水、透气纺织品，不粘食品加工设备（如煎锅），食品包装（如快餐包装纸、纸板外卖容器），以及生产灭火剂。全氟烷基化合物也是持久性物质，会在环境和人类及动物组织中蓄积。已知有 4 种 PFASs 对人类体内的含量贡献最大。一些 PFASs 被怀疑具有致癌性。2 种完全氟化的 PFASs，即全氟辛酸和全氟辛烷磺酸，已因为它们的持久性而不再生产。这两种物质降解性较差的准证明是它们仍然可以在鱼类、海产品、肉、蛋、牛奶和饮用水中被发现。在目前的浓度下，长期接触这些污染物会对欧洲部分成年消费者造成潜在的健康风险，而儿童面临的风险更大。根据人类和其他动物的研究，PFASs 是一类免疫毒素。从 2020 年开始的化学品可持续发展战略指出欧盟应禁止使用 PFASs。这项工作目前正在进行中。

第五节　加工过程污染物的风险

加工过程污染物是在食品加工过程中形成的污染物，例如，当食品成分因烟熏、干燥或烘焙而发生化学改变时所产生的污染物。

一、丙烯酰胺

自从人类开始"烹饪"以来，就一直会从膳食中接触丙烯酰胺。丙烯酰胺是一种化学物质，在淀粉类食物的高温制备过程中，即在煎炸、烘焙、烧烤以及在120℃以上和低湿度的工业加工过程中自然形成。形成这种小分子的主要化学过程是所谓的美拉德反应，它不仅会使食品"变黄"，也会影响其味道。丙烯酰胺是由许多食物中自然出现的糖和氨基酸（特别是天冬酰胺）形成的。

目前，长期从饮食中摄入的丙烯酰胺对所有年龄段的欧洲人均构成潜在的健康风险。造成其暴露最多的食物是油炸土豆制品、曲奇饼干、薄脆饼干、面包和咖啡。吸烟对于丙烯酰胺来说也是一个重要的非饮食来源。丙烯酰胺不能从煮熟的淀粉类食品中消除，但轻度油炸和烘烤以及避免将马铃薯储存在冰箱中会降低其含量。

丙烯酰胺被人体吸收后，一方面可以直接攻击DNA，另一方面会在肝脏中转化为一种反应性更强的物质。这种活性物质，即环氧丙酰胺，可与氨基酸和核酸碱基形成化合物，从而改变DNA和血红蛋白的结构和功能。丙烯酰胺的遗传毒性是通过形成环氧丙酰胺所介导的。因此，正如在动物试验中观察到的那样，丙烯酰胺可能具有致突变性，也可能具有致癌性。但到目前为止，丙烯酰胺还没有被证明是人类的致癌物。因此，IARC将这种加工污染物"仅"列为"可能对人类致癌（2A类）"物质。

与丙烯酰胺一样，人类在食用煮熟或加热的食物时，一直都会接触呋喃。目前从膳食中接触的呋喃及其相关化合物对所有年龄段的欧洲人都构成潜在风险，而咖啡是成年人接触呋喃的主要来源。谷物和谷类食品对成年人来说不是重要的来源，对于儿童则很重要。由于呋喃是一种挥发性物质，它在一些食物中的含量可以减少，例如，通过在开放的锅中加热和搅拌食物，或者通过煮咖啡而不是用咖啡机制作咖啡。给喜欢喝咖啡的人一个提示：呋喃是一种肝脏毒素，会导致动物患肝癌，它可能是一种直接的 DNA 反应性致癌物。IARC 已将呋喃列为"可能对人类致癌（2B 组）"物质。

二、其他非有意的加工过程污染物

除了丙烯酰胺，还有一些其他加工污染物也无意中通过食品加工进入我们的食品。这其中包括甘油的氯化衍生物。这不是甘油本身，众所周知，甘油存在于所有天然脂肪和油中，以脂肪酸酯（甘油三酯）的化学结合形式存在。我们所说的甘油的衍生物是指从这种基本物质衍生出来的化合物，这些化合物是在酸处理和 / 或强加热过程中无意形成的。具体来说，会形成游离的 2- 氯 -1,3- 丙二醇（2-MCPD）、3- 氯 -1,2- 丙二醇（3-MCPD）和 MCPD 的脂肪酸酯；在 200℃以上时会形成缩水甘油脂肪酸酯。这些甘油衍生物在炼油过程中会形成，炼油过程即在高温条件下对植物油进行提纯以去除不愉快的味道的过程。因此，这些不受欢迎的加工过程污染物可能存在于所有精炼植物油脂当中，特别是棕榈油。它们也会存在于所有将植物脂肪和油作为配料加入的食品中。在油炸用油和人造黄油中可发现高含量的 3-MCPD 酯。特别是在氢化脂肪中，由于经过两次提炼过程，其含量变得非常高。不仅如此，在许多其他食品中也检测到了这些加工过程污染物的存在，如烘焙食品、烤土豆制品、肉类、坚果牛轧糖霜和婴儿配方奶粉等。显然，3-MCPD 脂肪酸酯已经成为食物链的一部分，甚至在母乳中也能发现它们，所以很难避免这些污染物。这也是因为加工方法（即油脂的精炼）不需要在上市的食品上标明。若一种植物食用油既没有标明"原生"，也没有标明"冷压"，那么它可能经过精炼步骤。由于动物脂肪（除鱼油外）一般不进行精炼，因此迄今尚未在动物脂肪中检测到 3-MCPD 酯。

在欧洲，虽然目前长期从膳食中摄入 2-MCPD、3-MCPD 还不会对普通成年消费者构成潜在风险。然而，一些食用特殊饮食的幼儿可能会有风险。长期从膳食中摄入缩水甘油脂肪酸酯对成年人造成的潜在风险较低，而对儿童的潜在风险则较高。缩水甘油是一种直接与 DNA 反应的致癌物，其被 IARC 列为"可能对人类致癌（2A 类）"物质。

在此，还应该提到氨基甲酸乙酯。氨基甲酸乙酯是一种有机物质，自然存在于发酵食品和酒精饮料（如核果酒等）中。氨基甲酸乙酯的前体是普鲁士酸，它最初以杏仁苷的形式结合在种子中。在水果泥的发酵过程中，普鲁士酸（氢氰酸）从被破坏的和完整的果核中释放出来。在不利的条件下，氢氰酸会在蒸馏过程中积累。在光的影响下，氢氰酸或氰化物最终与乙醇一起在核果蒸馏物中转化为氨基甲酸乙酯。这种有毒物质在烈酒中形成的量比其他发酵食品中的量可以高出 1000 倍。不过在所有的发酵食品中都可以发现微量的氨基甲酸乙酯。

对不喝酒的普通欧洲人，氨基甲酸乙酯的慢性膳食摄入构成的潜在风险很小，而对喝酒的欧洲人则有风险，IARC 已经将这种物质分类为"可能对人类致癌（2A 类）"物质。同时，可能令人感到惊讶的是，IARC 将酒精饮料和乙醇列为"人类致癌物（1 类）"。

第六节　由其他化学污染物产生的风险

一、石油烃类、三聚氰胺、有机锡和氯酸盐

石油烃（矿物油）是一种高度复杂的混合物，可分为两种主要类型：饱和石油烃和芳香族石油烃。它们在食品中的来源极为广泛，如食品包装材料、印刷油墨和食品添加剂等。为了避免食品的污染，人们通常在食品包装材料中使用功能性屏障来阻止这类污染物向食品中的迁移。但是，石油烃也可以通过各种油、轮胎磨损或道路施工沥青的蒸发由环境进入食物中。目前，由于多种食物导致的这两种石油烃的摄入已经在欧洲构成了潜在的健康风

险。暴露于芳香族石油烃令人担忧，它们可能是与DNA直接反应的致癌物。然而，摄入饱和石油烃也令人担心，特别是当白油被用作烘焙过程中的防粘剂时。人类对芳香族石油烃的本底暴露大约是石油烃总暴露量的15%～35%。在动物研究中，已经观察到饱和石油烃可以在组织中积累，并导致肝脏炎症。

在使用由三聚氰胺-甲醛树脂制成的彩色餐具时，除甲醛外，三聚氰胺也会转移到食物中。这种污染物可以由某些杀虫剂、兽药或消毒剂所形成。目前，食品中的三聚氰胺并不对欧洲人构成潜在风险。但若是如上文提到的食品欺诈案所述，不良商家为了更高的蛋白质含量而在奶粉中违法添加三聚氰胺，结果则完全不同。有机锡的膳食暴露也可以得到类似的允许，有机锡通常被用作杀虫剂和杀菌剂，氯酸盐也是如此，其在膳食中的存在是由于在饮用水处理中合法使用消毒剂和在食品制备中对表面进行消毒。然而，接触氯酸盐对儿童来说是一种潜在的风险，其在膳食暴露中的主要来源是饮用水，而冷冻食品对于氯酸盐的贡献也不能被忽视。

二、微塑料和纳米塑料中的污染物和塑料添加剂

众所周知，塑料和塑料垃圾污染了河道和海洋。微塑料的尺寸为 1μm～5mm，由粉碎的塑料材料或通过特殊的合成工艺生产，以达到理想的尺寸。次生微塑料是由环境中的大塑料在机械和化学作用下碎裂或降解产生的。而粒径在 1μm 以下的纳米塑料是通过微塑料的破碎或再次通过工业加工生产的。只有粒径小于 150μm 的微塑料才会对人类健康造成影响。纳米塑料也被认为会通过膳食摄入，但目前没有数据。目前认为人类的肠道可以吸收大小不超过 250nm 的颗粒。微塑料可以吸附其质量 4% 的化学污染物，这些污染物随后会进入我们的食物。因此，本书中讨论的持久性有机污染物、多环芳烃、多氯联苯和双酚 A 也在微塑料中检测到就不足为奇了。目前，从被微塑料污染的海产品中摄入的这些污染物和添加剂只是总摄入量中

的一小部分。然而，目前人们对这些材料和与之相关的颗粒暴露仍然知之甚少。

第七节　食品中有意使用的化学物质及其残留物

一、食品改良剂：食品添加剂、酶和调味料

食品添加剂被添加到食品中，以便在制造、准备、包装或储存中发挥特定的技术功能。因此，它们成为食品的一部分。抗氧化剂、着色剂、乳化剂、稳定剂、胶凝剂、增稠剂、防腐剂和甜味剂是食品工业生产中最常使用的食品添加剂。例如，乳酸用于保护食品不受微生物破坏，维生素C用于防止食品被氧化。欧洲国家的食品安全管理部门对这些食品改良剂的使用进行监测。

二、食品接触材料

食品在被食用前会与许多材料和物体接触。因

此，在生产、加工、储存和准备过程中与食品接触的材料必须具有足够的惰性。换句话说，食品接触的材料不得释放出达到可对人类健康或食品质量产生负面影响的含量水平的任何成分或物质。对此有相应的法律限值，即所谓的特定迁移残留量，是允许从接触材料转移到食品中的食品接触化学品的浓度。在这方面，双酚 A 是特别具有争议性的化学物质，一直在被讨论。双酚 A 是生产环氧树脂和聚碳酸酯塑料的组成部分，例如用于制造塑料饮料瓶和食品容器。在生产过程中，聚合的双酚 A 被稳定地结合在这些产品中。然而，它可以再次释放，例如在受热时。因此，游离的双酚 A 残留物仍可能少量存在于塑料材料中，并可能释放到饮料和食品中。

在目前的接触水平下，双酚 A 没有潜在的风险，即使通过饮食、灰尘、化妆品和热敏纸的联合暴露，对健康的影响也很低。尽管如此，一些欧洲国家已经禁止在与食品接触的塑料材料中使用双酚 A，欧洲化学品管理局（ECHA）最近将双酚 A 列为“高度关注的物质"。目前，欧盟禁止在儿童食品包装中使用双酚 A，而欧洲食品安全局正在重新评估其健康风险。

三、农药

农药是公众非常熟悉的化学物质。杀菌剂、除草剂、杀虫剂和生长调节剂等这些农用化学品通常被称为农药，它可以预防、破坏或控制有害的生物体（如害虫、杂草或疾病），在生产、储存和运输过程中保护农作物和农作物产品。农药含有一种或多种活性物质，构成作物保护产品的活性或功效。如今，大约有 400 种活性物质获得欧盟的批准，比25 年前少 50%。而且现在，农药必须先进行低剂量的激素副作用测试后才能获批使用。需要指出的是，已经讨论过的具有雌激素效应的真菌毒素的雌激素活性比农药高出几个数量级，且真菌毒素在食物中浓度更高，比农药更为常见。2020 年，在欧洲的88141 份食品样本中对大约 700 种不同农药进行了检测分析，其中 94.9% 的样本低于法定限值（最大残留水平）、48181 份（54.6%）样品中不含能定量的农药残留。在过去的 20 多年，欧洲人从饮食中接触杀虫剂的程度是很低的，尽管这是一个很好的现象，但在目前的接触水平下，一些杀虫剂可能依旧对婴幼儿构成潜在的风险。

四、兽药

用于农场动物的兽药是为了预防或治疗疾病。由于高度遵守法规，欧洲一般消费者膳食摄入的兽药残留几乎可以忽略不计。在过去的 9 年里检测的数十万个样本中，只有 0.25%～0.37% 不符合监管限值。不过，一些欧洲国家的不合规结果比其他国家更多。需要在这里说明的是，自 1981 年开始，欧洲就已经禁止使用激素生长促进剂。

第三章　风险排序和结论

第一节　食品中引起健康关注的
污染物——尝试对风险进行排序

基于欧洲人群长期慢性暴露的 100 种污染物的风险评估，发现以下化学物质对欧洲普通成年消费者构成潜在风险：（1）持久性环境污染物（二噁英和二噁英样多氯联苯、全氟辛烷磺酸、全氟辛酸、全氟己烷磺酸、全氟壬酸和溴系阻燃剂五溴二苯醚）；（2）加工污染物（丙烯酰胺、呋喃，以及对于酒类消费者的氨基甲酸乙酯）；（3）重金属（镉、砷、铅）和镍；（4）天然毒素（黄曲霉毒素和吡咯里西啶类生物碱）；（5）石油烃（矿物油）。表 1 列出了这些已明确的化学污染物及其主要健康危害。

表 1　欧洲普通成年消费者慢性膳食暴露的具有潜在健康
风险的化学污染物及其主要健康危害

化学污染物	主要健康危害
铅	慢性肾病
镉	肾功能障碍
砷	肺、尿路、膀胱、皮肤癌、皮肤损伤
镍	生殖和发育影响
二噁英及二噁英样多氯联苯	精子质量受损
多溴联苯醚（五溴联苯醚）	神经发育
全氟化合物（全氟辛酸、全氟壬酸、全氟己烷磺酸、全氟辛烷磺酸）	免疫毒性效应
丙烯酰胺	致癌效应
呋喃和甲基呋喃	肝损伤，肝癌
氨基甲酸乙酯	肺癌
黄曲霉毒素	肝癌
吡咯里西啶类生物碱	肝癌
矿物油	致癌效应，肝肉芽肿

有趣的是，在众多的生物毒素中，只有真菌产生的黄曲霉毒素和植物产生的吡咯里西啶类生物碱通过膳食摄入后具有潜在的慢性风险。值得注意的是，长期（慢性）暴露潜在风险较低的污染物有加

工污染物［即缩水甘油酯、多环芳烃和氨基甲酸乙酯（对于不饮酒的人）］、金属铬和一种天然毒素（赭曲霉毒素 A）。

最后，作为研究的一部分，我们通过综合考虑污染物所引起的关键效应类型和每日通过食物的总摄入量，尝试对已确定污染物的慢性风险进行排序。因此，这个排序非常简单直接，并仅限于那些被 EFSA 确定为对成人构成潜在慢性风险的污染物，低风险污染物不包括在内。同时，该排序没有考虑 EFSA 风险评估的不确定性，如缺少毒性或检出数据。因此，该风险排序仅具有指示性作用。

在污染物潜在慢性风险排序中，食品加工污染物排在首位，其次是芳香族石油烃。这是由于二者具有遗传毒性和致癌性（尽管尚未在人类中得到证实），并且在多种日常消费的食品中广泛存在。排在第三位的是黄曲霉毒素，因为其致癌性强，可致人类肝癌，且欧洲谷类食品消费量较大。虽然坚果和玉米受黄曲霉毒素污染更为常见，但它们在欧洲的消费量很低。二噁英、二噁英样多氯联苯、镍和溴系阻燃剂排在第四位，人们可通过多种日常食物暴露于这些物质。尽管吡咯里西啶类生物碱具有遗传毒性和致癌性，但"仅"排在第五位，因为我们需要通过特定途径才能暴露于这些植物毒素，如茶、蜂蜜或草本植物。排在最后的是全氟烷基化合物（全氟辛烷磺酸、全氟辛酸、全氟己烷磺酸、全氟壬酸）和重金属。虽然这些物质存在于多种食物中，但它们只对欧洲部分地区或部分成年人构成潜在风险。

目前尚不清楚我们每天通过食物长期混合暴露于这些毒性物质的风险。但值得注意的是，上面列出的几种污染物都具有遗传毒性和致癌性，即具有相似的作用模式并可潜在引发肝癌或对肝脏产生不利影响。因此，暴露于毒性物质混合物的联合风险可能大于目前对单个化合物评估的风险。

第二节　对于欧洲消费者的结论

由于在国家和欧洲层面采取了全面的食品质量控制和保障措施，我们的食品比以往任何时候都更安全。然而，无毒食品仍是一种幻想。那些越来越灵敏的分析方法得到的检测结果也证实了这一点，这些方法可用于检测和定量食品中种类越来越多、含量越来越低的污染物。令人担忧的是，欧洲的普通成年消费者每天都会通过食物暴露于具有潜在遗传毒性和致癌性的混合污染物中，尤其是食品加工过程中产生的污染物（即加工过程污染物）。然而，长期暴露于食品中的非致癌污染物也会带来潜在的健康风险，但这些风险似乎较低，并可以通过将污染物摄入量保持在健康指导值以下来进行控制。混合污染物的联合暴露健康风险是一个尚未被探索但具有巨大潜在重要性的领域，这种"毒性鸡尾酒"带来的潜在风险比单一污染物更大。毫无疑问，由于气候变化导致的食品污染物暴露，也会带来额外的健康风险。

为了正确划分食物消费带来的健康风险，在本书所考虑的因素中，重要的是要记住肥胖仍然是欧盟民众最大的健康风险，而不是食物中的毒性物质带来的潜在风险。在所有这些健康风险评估中，还需要记住人体有许多生物和生化机制来克服毒性物质的有害影响。此外，食物中的有益成分与人体的生物功能也可以抵消毒性作用。

膳食平衡是避免过量摄入有害化学污染物的最好方法。健康的营养可以通过多种食物的均衡饮食来实现，但要尽量减少食用过度加工的食物。这也避免了我们大量或每天食用某种可能被致癌物污染的特定食物，如花生中的黄曲霉毒素，从而增加健康风险。

膳食平衡的原则包括多吃水果、蔬菜、豆类、坚果和全麦食品，减少盐、糖和脂肪的摄入。然而，IARC认为这种饮食对于降低患癌风险的积极影响是有限的。这种健康饮食似乎并不像最初认为的那样能够预防癌症，这多少令人有些失望。总的来说，控制体重是预防包括癌症在内的所有非传染性疾病的关键，这一点已成为共识。此外，当欧盟新的风险管理措施行之有效时，预计在未来欧洲消费者对化学污染物的膳食暴露将会减少。这至少会让我们距离餐桌上都是无毒食品的最终愿望更近一小步。

参考文献

[1] D. Bebber, M. Ramotowski, S. Gurr. Crop pests and pathogens move polewards in a warming world [J/OL]. Nature Climate Change 2013, 3: 985–988. https://doi.org/10.1038/nclimate1990.

[2] ECHA: European Chemicals Agency [EB/OL]. https://echa.europa.eu/hot-topics/perfluoroalkyl-chemicals-pfas.

[3] EFSA: European Food Safety Authority [EB/OL]. http://www.efsa.europa.eu/en/topics/topic.

[4] C. Elliott. Elliott review into the integrity and assurance of food supply networks: Final report–A national food crime prevention framework, July 2014, HM Government, United Kingdom [EB/OL]. https://www.gov.uk/government/publications/elliott-review-into-the-integrity-and-assurance-of-food-supply-networks-final-report.

[5] European Food Safety Authority. Scientific opinion on the risk to human health related to the presence of perfluoroalkyl substances in food [J/OL]. EFSA Journal, 2020, 18(9): e06223. https://doi.org/10.2903/j.efsa.2020.6223.

[6] European Food Safety Authority. Scientific opinion on the risk assessment of aflatoxins in food [J/OL]. EFSA Journal, 2020, 18(3): e06040. https://doi.org/10.2903/j.efsa.2020.6040.

[7] European Food Safety Authority. Scientific opinion on the risk assessment of ochratoxin A in food [J/OL]. EFSA Journal, 2020, 18(5): e06113. https://doi.org/10.2903/j.efsa.2020.6113.

[8] European Food Safety Authority. Guidance on risk assessment of nanomaterials to be applied in the food and feed chain: human and animal health [J/OL]. EFSA Journal, 2021, 19(8): e06768. https://doi.org/10.2903/j.efsa.2021.6768.

[9] European Food Safety Authority. Scientific report on the assessment of the genotoxicity of acrylamide [J/OL]. EFSA Journal, 2022, 20(5): e07293. https://doi.org/

10.2903/j.efsa.2022.7293.

[10]   M. Eskola, C.T. Elliott, J. Hajšlová, et al. Towards a dietary-exposome assessment of chemicals in food: An update on the chronic. health risks for the European consumer [J/OL], Critical Reviews in Food Science and Nutrition, 2020, 60(11): 1890–1911. DOI: https://doi.org/10.1080/10408398.2019.1612320.

[11]   European Commission. Communication from the Commission to the European Parliament, the Council, the European Economic and Social Committee and the Committee of the Regions [C/OL]//Chemicals strategy for sustainability, towards a toxic-free environment. Brussels, COM (2020) 667 final. https://ec.europa.eu/environment/pdf/chemicals/2020/10/Strategy.pdf.

[12]   F. Duarte Lau, R.P. Giugliano. Lipoprotein(a) and its Significance in Cardiovascular Disease: A Review [J/OL]. JAMA Cardiology,2022, 7(7): 760–769. https://doi.org/10.1001/jamacardio.2022.0987.

[13]   JECFA. Evaluation of certain contaminants in food. Eighty-third report of the Joint FAO/WHO Expert

Committee on Food Additives (JECFA). Food and Agriculture Organization of the United Nations, World Health Organization, WHO Technical Report Series 1002 [C]. Geneva, 2017.

[14]   M. Miraglia, H.J. Marvin, G.A. Kleter, et al. Climate change and food safety: An emerging issue with special focus on Europe [J/OL]. Food and chemical toxicology 47(5): 1009–1021. https://doi.org/10.1016/j.fct.2009.02.005.

[15]   C.P. Wild. The exposome: From concept to utility [J/OL]. International Journal of Epidemiology 41(1): 24–32. https://doi.org/10.1093/ije/dyr236.

[16]   W. Willett, J. Rockströom, B. Loken, et al. Food in the Anthropocene: The EAT–Lancet Commission on healthy diets from sustainable food systems [J/OL]. The Lancet 393(10170): 447–492. https://doi.org/10.1016/S0140-6736(18) 31788-4.

Rudolf Krska 教授

　　Rudolf Krska 是奥地利自然资源与生命科学大学分析化学教授，生物分析与农业代谢组学研究所所长，加拿大卫生部渥太华食品研究方面的前负责人。2018 年起被聘为贝尔法斯特女王大学教授，2017 年起在奥地利食品和饲料安全能力中心（FFoQSI）领导战略研究，是全球食品安全领域被引用最多的研究人员之一，2015 年被聘为中国农业科学院特聘教授。Rudolf Krska 教授获得了 15 项科学奖项，发表 SCI 论文 460 多篇，论文被引用超过 18000 次。

Mari Eskola 博士，Medfiles 有限公司高级法规事务专家

　　Mari Eskola 在芬兰赫尔辛基大学获得食品科学博士学位。在欧盟、欧洲国家机构和相关行业从事食品与饲料化学安全研究，拥有 25 年的国际专业经验，在意大利的欧洲食品安全局（EFSA）工作 10 年，从事食品和饲料污染物的风险评估，担任 EFSA 污染物部门的代理和副主管。目前，作为芬兰 Medfiles 有限公司的高级法规事务专家，为食品和饲料企业提供食品和饲料法规咨询。

Chris Elliott 教授，博士，英国皇家生命学会、化学学会双会士，
爱尔兰皇家学会委员，大英帝国勋章（官佐勋章）获得者

Chris Elliott 博士是英国贝尔法斯特女王大学（QUB）的食品安全教授，全球食品安全研究所（IGFS）创始人。2015—2018 年，曾担任 QUB 分管医学、健康和生命科学的代理副校长（PVC）。2022 年，被任命为东盟全球食品安全教授。2013 年马肉丑闻发生后，领导了对英国食品系统的独立审查。其作为欧方共同项目负责人主持了囊括 16 个来自欧洲和 17 个来自中国的食品安全研究单位的欧盟地平线 2020 旗舰项目。2017 年，被授予大英帝国勋章（官佐勋章 OBE）。迄今已发表 500 余篇农业与食品中检测和控制相关领域的同行评议论文。